升级版 ⑧

这就是物理

FLUID MECHANICS 流体力学

米莱童书 著·绘

北京理工大学出版社
BEIJING INSTITUTE OF TECHNOLOGY PRESS

推荐序

　　每个孩子从出生起，就对世界充满了好奇，如果想要了解世界，物理学就不可或缺。物理学是我们认识世界的桥梁，它揭示了事物发生和发展的客观规律，更是许多科学的基础。但是物理的概念繁多，知识点之间的关联性很强，对于刚接触物理的孩子来说，有些复杂难懂。

　　如何将复杂的物理知识，生动有趣地展现给孩子，就显得十分重要了。《这就是物理·升级版》就是专为孩子们打造的物理学科启蒙图书，以趣味漫画的形式将严肃的科学原理与生活中的有趣现象联系起来。比如：声音是怎么产生的？冰箱、电视等电器的电是怎么来的？为什么洒在地上的水过一会儿就不见了？为什么下雨后会有彩虹？为什么汽车车轮胎有花纹是为了增加摩擦，而汽车车轮轴又要加润滑油以减小摩擦……

　　不仅如此，在这里，还有物质、能量、声、光、电、磁、力，这些物理概念化身成一个个活泼可爱的主人公，为我们一点点展现奇妙的物理世界。大到宇宙天体、小到基本粒子，从日常生活到前沿科技，这套书将严肃枯燥的理论，由浅入深、轻松有趣地表达出来，十分适合喜欢物理的孩子阅读。

　　希望这套物理启蒙漫画书能够让孩子们喜欢上物理，并帮助孩子们在知识的海洋中尽情遨游。

中国工程院院士、电子光学和光电子成像专家
周立伟

目　录

奇妙的流体物质

看不见的大气压力

大气压力是怎么产生的？

地球表面一直围绕着气体，这些气体就构成了大气层。

大气会对它包围着的物体，在各个方向产生压力，也就是大气压力。

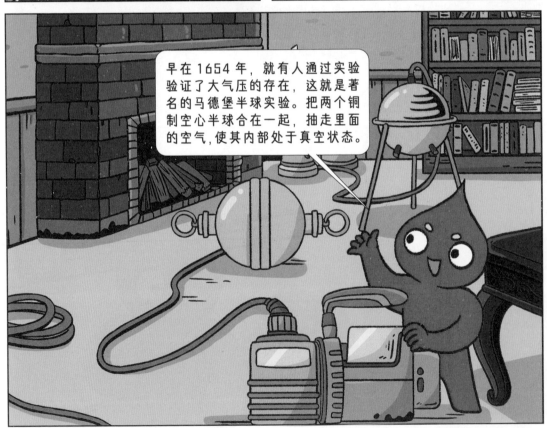

早在1654年，就有人通过实验验证了大气压的存在，这就是著名的马德堡半球实验。把两个铜制空心半球合在一起，抽走里面的空气，使其内部处于真空状态。

这时，两个半球紧紧地挨在一起，怎么也拉不开。

最后，足足用了16匹高大强壮的马，才把它们拉开。

奇怪？两个半球之间并没有用胶水黏在一起，也没有用钉子钉在一起。怎么会拉不开呢？

因为有看不见的大气压力把它们压在一起。半球里面是真空的，外面的空气想要进去，越想进去反而把两个半球压得越紧。

我要进去！让我进去！

9

还有一个常见的现象可以告诉我们大气压力的存在，那就是用吸管喝水。

当吸管放在水杯中时，吸管内部的大气压力和水杯外部的大气压力是平衡的。

当我们咬住吸管吸气时，吸管上部的空气被吸走，这部分气体压力变小，平衡被破坏。

这时，水杯里的水就会在外部大气压力的作用下，压进吸管中。

所以，我们用吸管喝水时，不是我们把水吸进嘴里，而是大气压力把水压进我们嘴里。

什么是压强?

想更好地认识大气压力的作用，就要先来认识一下压强。

两个体型相似的小朋友站在雪地里，他们对雪地的压力是差不多大的，但一个小朋友陷下去了，而另一个却没有。

小小的蚊子能轻而易举地刺破皮肤。

重重的骆驼却不会陷进沙漠里。

我们猜对了，压力的作用效果确实与受力面积有关。这个作用效果就是压强，它是物体单位面积所受的压力，也就是压力与受力面积的比。

当我们想要增大压强时，除了增大压力，还可以减小受力面积，比如把斧子的刃磨得更薄。

如果想要减小压强，就需要增大受力面积。比如滑冰时，脚下的冰面突然出现裂缝。

这时，你要做的是赶紧趴在冰面上，增大受力面积，然后匍匐前进。

大气压与高度有关

气体同样也有压强，大气压强（简称大气压或气压）是作用在单位面积上的大气压力。

不同地区的大气压并不相同。一般来说，海拔越高，大气压越低。

这是一个氢气球，此时，气球内外的气压是相等的。现在我要让它带我飞上天。1，2，3，飞喽！

我飞过高楼，飞过大山。

飞过云彩……然后，砰！气球爆炸了！这是因为，随着海拔升高，气球内部的气压逐渐变得比外部气压大，于是就把气球撑破了。

大气压过低会影响生活，在高原地区，水很快就烧开了，却无法煮熟食物。因为水受热会不断产生蒸汽，不停地和大气碰撞，当两者"势均力敌"时，水就表现出沸腾的现象。

大气压

蒸汽气压

蒸汽气压

实际上，这时的水温还不到70摄氏度，连鸡蛋和面条也煮不熟，所以在高原地区，人们只能用压力锅做饭。

大气压过低还会影响我们的呼吸。我们吸气时胸部会扩张，里面的气体变得稀疏，外面的空气就会进来填补缝隙。

压强大

压强小

所以如果你想在高原上吸入空气，你就得更努力地扩张胸部，这样才能使胸腔内部的气体比外部空气稀疏，从而让外部空气进来。

我，我不行了。

呼气时胸部会收缩，里面的气体变得密集，空气就会跑出去一部分。

压强大

压强小

大气压与空气流速有关

液体也有压强

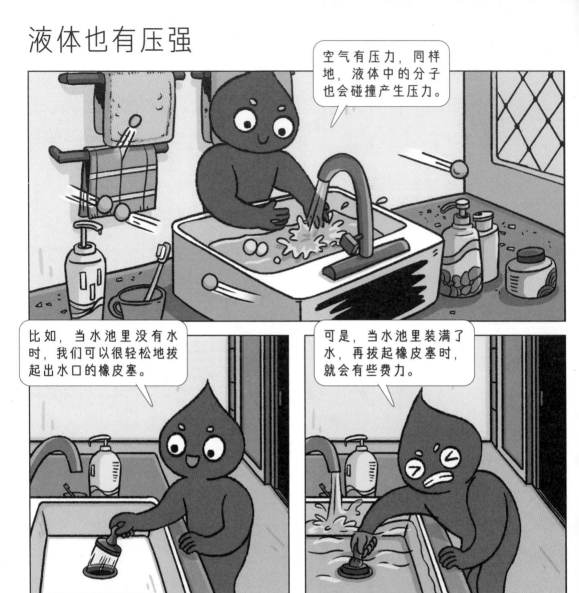

空气有压力，同样地，液体中的分子也会碰撞产生压力。

比如，当水池里没有水时，我们可以很轻松地拔起出水口的橡皮塞。

可是，当水池里装满了水，再拔起橡皮塞时，就会有些费力。

伙伴们加油，压住它！

这是因为水对底部的橡皮塞有向下的压力，也就是说水对底部的物体会产生压强。

液体的压强与深度有关

压强的大小与液体的深度有关,越深处的液体,压强越大。

深海的压强非常非常大,大到能把人压扁。

所以,如果你想在深海中潜水,就必须穿上抗压潜水服。

如果你还想潜入更深的海底探险,那么抗压潜水服也保护不了你,这时候就需要专门的潜水器了。

木桶竟然裂开了！

很久以前，科学家帕斯卡做过一个实验，他把一个桶装满水并密封上，然后在桶盖上插入一根细长的管子。

他从楼房的阳台上向细管子里灌了几杯水。

结果神奇的事情发生了，桶居然裂开了！

这是怎么回事？几杯水的威力怎么会这么大？

神奇的浮力

水中还有一个常见的力，这个力可以让鸭子游在水面，让船不沉下去。

浮力

重力

浮力

重力

浮力

重力

把手放在水面上，轻轻向下压，你会感到手掌下面的水在向上托着你的手，这个托着你的力就是浮力。

我们知道鸭子、船都受到重力的作用，但是它们却没有沉到水底，说明水对它们有一个向上托起的力，这个力就是浮力。

在水面上游动的鸭子会受到浮力，那么在水里游着的鱼、沉在水底的铁块呢，它们是不是也会受到浮力？

用手把泡沫块压入水中，然后松手。

泡沫块很快就会浮上来，这说明浸没在水中的泡沫块同样受到了浮力。

你是不是会好奇，浸没在水中的物体周围都是水，它又是如何受到浮力的呢？跟我一起去水里看看吧。

浮力是如何产生的？

当物体浸没在水中后，会抢占原本属于水的位置，水就想把物体挤出去，就会对物体产生各个方向的压力。

左边和右边受到的压力是相等的。但是下面水更深，所以物体下面受到的压力要比上面受到的压力大。

$F_{向下}$

$F_{向上}$

因为物体受到的向上的压力大于向下的压力，所以会有一个向上的压力差，这个压力差就是浮力了。

水里的鱼受到的向上的压力要大于向下的压力，所以鱼有浮力。

$F_{向下}$

$F_{向上}$

沉在水底的铁块，底部有水，也会产生浮力。

那桥墩也有浮力吗？这样桥墩不就会晃来晃去，多危险呀！

别担心，建筑师们早就想到了这点，所以桥墩都是直接插进泥沙中的，底部没有水，不受到向上的压力，也就没有浮力了。

那么，既然同样都有浮力，为什么有的物体会浮起来，有的物体却会沉入水中呢？

浮力的大小与什么有关？

我们把一个气球往水里压，气球进入水中的体积越大，排开的水就越多，手感受到的向上的浮力就越大。

这说明物体受到的浮力的大小与它排开多少水有关，排开的水越多，物体受到的浮力就越大。

传说这个规律是由古希腊的阿基米德发现的。工匠说自己打造了一个纯金的王冠，国王让阿基米德来鉴定王冠的纯度。

阿基米德想要测出王冠的体积，他在洗澡时看着浴缸向外溢出的水，突然想到把王冠浸在水中，王冠所排开水的体积就等于王冠的体积。

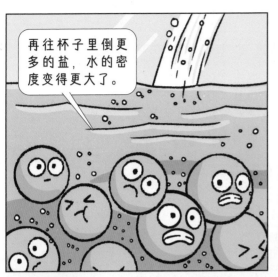

再往杯子里倒更多的盐，水的密度变得更大了。

啊！鸡蛋竟然上浮了。因为，鸡蛋受到的浮力变得比自身的重力还大了。

看来，浮力确实跟液体密度有关。液体密度越大，能允许漂浮在液体上的物体密度就越大。

人在水中会下沉，但是在死海中却能漂浮在水面上，就是因为死海中水的密度比人体的密度大。

浮力的应用

生活中到处都有流体里的力

角色卡

·姓名 力
－进入流体世界

·年龄 和流体的年纪一样大

·装备 船、桨、潜水服

·普通技能 用浮力托举物体

·特殊技能 流体的压强可以四处传递

·天赋 物体在流体中所受的浮力等于它排开水的重力

·武学 轻功

对于流体来说，流速越快的地方压强越小，流速越慢的地方压强越大。飞机能够利用机翼的特殊形态，让机翼上方的空气流速快于下方，因此机翼上方压强小，下方压强大，帮助飞机飞上天空。

·关联物品 挂钩、吸管、水泵

·行动范围 存在流体的地方

创作团队

米莱童书

米莱童书是由国内多位资深童书编辑、插画家组成的原创童书研发平台。旗下作品曾获得 2019 年度"中国好书"，2019、2020 年度"桂冠童书"等荣誉；创作内容多次入选"原动力"中国原创动漫出版扶持计划。作为中国新闻出版业科技与标准重点实验室（跨领域综合方向）授牌的中国青少年科普内容研发与推广基地，米莱童书一贯致力于对传统童书进行内容与形式的升级迭代，开发一流原创童书作品，适应当代中国家庭更高的阅读与学习需求。

策　划　人： 刘润东　　魏　诺

统筹编辑： 秦晓英

原创编辑： 窦文菲　　秦晓英　　张婉月

漫画绘制： Studio Yufo

专业审稿： 北京市赵登禹学校物理教师　张雪娣

装帧设计： 刘雅宁　　张立佳　　辛　洋　　刘浩男　　马司雯　　朱梦笔

图书在版编目（CIP）数据

这就是物理 : 升级版 : 全10册 / 米莱童书著、绘
. -- 北京 : 北京理工大学出版社, 2023.6（2024.12重印）
ISBN 978-7-5763-2374-0

Ⅰ.①这… Ⅱ.①米… Ⅲ.①物理学 – 青少年读物
Ⅳ.①O4–49

中国国家版本馆CIP数据核字(2023)第082201号

出版发行／北京理工大学出版社有限责任公司
社　　址／北京市丰台区四合庄路 6 号
邮　　编／100070
电　　话／（010）82563891（童书售后服务热线）
经　　销／全国各地新华书店
印　　刷／朗翔印刷（天津）有限公司
开　　本／710毫米×1000毫米　1／16
印　　张／25
字　　数／600千字
版　　次／2023年6月第1版　2024年12月第12次印刷
定　　价／200.00元（全10册）

责任编辑／封　雪
文案编辑／封　雪
责任校对／刘亚男
责任印制／王美丽

图书出现印装质量问题，请拨打售后服务热线，本社负责调换